春小麦品种

感温特性和品质潜力表达与温度变化关系研究

CHUNXIAOMAI PINZHONG

GANWEN TEXING HE PINZHI QIANLI BIAODA YU

WENDU BIANHUA GUANXI YANJIU

宋维富　肖志敏　等◎著

中国农业出版社
农村读物出版社
北　京

著者名单

宋维富　肖志敏　杨雪峰

刘东军　赵丽娟　仇　琳

宋庆杰　张春利　辛文利

前　言

　　小麦是全世界主要粮食作物，因其对光温条件的广泛适应性，种植范围广泛，是世界上最主要的粮食作物之一。温度是决定小麦适应性、影响其产量和品质的最重要环境因子。随着全球气候变暖，温度对小麦生产的影响将不断加剧，明确温度变化对小麦生长发育、产量和品质的影响对指导小麦育种和栽培方面均具有重要意义。

　　本书以黑龙江省（5 份）和国外（2 份）优质强筋春小麦品种为试验材料，通过控光控温和多年多点试验，结合农艺性状调查和品质分析，确立小麦不同感温特性。同时分析灌浆期高温胁迫对不同感温特性小麦品种籽粒生长及品质潜力表达的影响等内容。

　　本书共分为三章，首先分析了温度变化对小麦生长发育的影响，并明确了小麦感温特性差异；其次明确了灌浆期高温胁迫下不同感温特性春小麦品种籽粒生长及品质变化规律；最后对灌浆期高温对强筋春小麦品种品质影响及不同生态条件下小麦品种品质稳定性的影响进行了研究。本书研究内容可为小麦种质资源研究和遗传育种工作者提供重要的参考价值。

　　本书汇集了黑龙江省农业科学院作物资源研究所龙麦课题组多年在小麦育种和品质方面的研究结果，凝聚了他们的智慧和心血。本书的出版有助于推动小麦广适性育种，同时为开展春小麦抗高温育种方法研究提供参考依据。

宋维富

2024 年 1 月

目 录

CONTENTS

前言

第一章 温度与小麦生长发育关系研究

第一节 温度对小麦生长发育的影响

植物生长和发育研究在农业生产实践中是十分重要的，也被广泛应用于作物育种和作物栽培方面。植物的生长和发育过程不仅由其本身遗传基础决定，而且与外界环境因子紧密协调。生长是指作物体积增大和重量增加的量变过程，通过细胞分裂和伸长来完成，既包括营养体生长也包括生殖体生长。发育是指作物在整个生活史上，其构造和机能从简单到复杂的质变过程，它表现在细胞、组织和器官的分化，最终导致植物根、茎、叶和花、果实、种子形成，是其遗传基因在环境因子的诱导作用下，在一定时间和空间组合下的顺序和协调表达。生长与发育都是植物一个不可逆的过程，生长与发育进程的协调对于植物适应性是至关重要的。小麦在世界范围内广泛种植，在长期进化中形成了很强的环境适应能力。为应对外界生存胁迫，不同气候条件和不同地理环境下的小麦形成了不同的生育特性。

小麦的生长发育是一个持续的进程，发育的快慢决定其生长持续时间的长短，从而影响小麦的生物产量和经济产量。发育的节奏主要取决于环境中的光照、温度、肥力、水分等因素，其中自然条件下的光照和温度条件是人为不可改变的，种植于各种生态区的小麦品种只能被动适应。因此研究并明确光温条件对小麦生长发育的影响，特别是小麦品种对温度反应的差异和适应程度对于小麦育种者及栽培专家都有重要意义。

根据小麦的生物学特性及生长发育所形成器官的类型和生育特点的不同，将小麦一生划分为 3 个主要生长阶段：第一个阶段（growth stage 1，GS1），即从出苗期至二棱期，包括小花形成期，此阶段主要进行各种器官的分化，决定包括小穗数、穗粒数等影响产量因素的重要性状。第二阶段（growth stage 2，GS2），即从二棱期至开花期，包括顶端小穗期、拔节期、抽穗期，此阶段为光照、温度、肥力、水分等条件影响各种产量性状潜力表达的重要时期。第三阶段（growth stage 3，GS3），即从开花期至生理成熟期，包括籽粒灌浆期，此阶段环境条件，特别是生物逆境、生态逆境等直接影响籽粒数量和粒重，这一发育阶段被认为是影响小麦产量高低的最敏感阶段，也是决定产量高低的最重要时期。小麦发育的每一个阶段都是一个独立的生理整体，每一阶段的持续时间受基因型和环境条件如温度、日照时数和播期的控制。高温、干旱、高盐等各种环境胁迫均会缩短小麦每个生长阶段持续时间，环境因素对一个阶段持续时间的影响，也会影响到下一个生长阶段持续时间。在这些环境条件中，对适宜温度的要求贯穿小麦的一生，任何一个生长阶段都与温度密切相关，掌握温度与小麦生长发育的关系对于指导小麦生产具有重要的现实意义。

小麦不同生长发育阶段的最适温度范围有所不同。在适宜温度时，生长和发育最为协调。小麦萌发的最适温度为 15～20 ℃；小麦根系生长的最适温度为 16～20 ℃，最高 25 ℃，最低 2 ℃；在 2～4 ℃时，小麦开始分蘖生长，最适温度为 13～18 ℃，高于 18 ℃时分蘖生长减慢；小麦茎秆一般在 10 ℃以上开始伸长，在 12~16 ℃形成短矮粗壮的茎，高于 20 ℃易徒长，茎秆较弱，易倒伏；叶片生长的最适温度为 22 ℃，最高 24 ℃，最低 -1 ℃；小麦灌浆期最适温度为 15 ℃，最高 35.4 ℃，最低 9 ℃，在最适温度时赋予小麦最长的灌浆时间，从而获得饱满的籽粒。高温使春小麦品种所有发育阶段进程加快，降低了每个发育阶段的持续时间，特别是将导致花期和生理成熟期都提前，降低小麦地上部分生物量和籽粒重量，严重限制小麦产量。另外，高温对小麦的影响还体现在影响光合器官功能方面，当高温达到一定的强度和持续时间后就会使小麦生长速率降低。温度对小麦各个发育阶段的影响在不同品种间也存在差异。

一、出苗期至二棱期（GS1）

这一发育阶段主要决定小麦成熟时的粒数，小穗原基出现，陆续分化出更多小穗原基，每个小穗分生组织开始产生小花，此阶段持续时间缩短将导致决定产量性状的 2 个因素即每穗小穗数和每小穗粒数均降低。虽然影响这一发育阶段的主导环境因子是春化阶段的低温效应和光周期的光长和光强。但随着营养器官的生长和分蘖形成，小麦对高温的敏感性不断增加。当小麦生长的平均温度从 12 ℃升高到 20 ℃时，GS1 持续时间缩短 33 d，株高降低 25 cm，叶面积指数降低 2.3 个单位，甚至使叶片数减少或导致分蘖数减少。当处于 35 ℃高温时，小麦品种幼苗植株的高度和茎秆干重明显降低。

二、二棱期至开花期（GS2）

二棱期的出现标志着 GS2 开始。GS2 是对光照、温度、水分、肥力最敏感的阶段。当处于 GS2 的小麦生长平均温度从 12 ℃升高到 21 ℃时，GS2 持续时间减少 25 d，每平方米分蘖数减少 54 个，每平方米籽粒数量减少 36 个，当温度继续增加到 24 ℃时对以上性状的影响更加严重。在开花前 30 d，平均温度每升高 1 ℃，籽粒数以 4％的速率降低。因此，这一发育阶段对小麦产量潜力的发挥是至关重要的。高温加速穗的发育使小穗数减少，导致穗粒数降低。当温度超过 20 ℃时就会使小麦穗粒数减少。在小麦发育 GS2，生长在 25 ℃条件下比生长在 15 ℃条件下的小麦主穗粒数降低。但温度对这一发育阶段持续时间的影响程度受到小麦品种对光周期的敏感性和春化阶段反应差异的影响。

三、开花期至生理成熟期（GS3）

由于高温对籽粒数量和粒重的直接影响，这一发育阶段被认为是影响小麦产量的最敏感阶段。高温对籽粒数量的影响由花粉育性降低引起，温度对籽粒重量的影响主要通过改变灌浆期的持续时间和灌浆速率引起。当花粉母细胞分裂时，超过 30 ℃的 3 d 高温就会使花粉和花药活力降低，影响籽粒形成，导致粒数减少，且粒数的减少，将不能由粒重增加来弥补，导致小麦减产。温度提高使小麦从开花到生理成熟的持续时间缩短，导致粒重降低，当温度高于 20 ℃后，每升高 1 ℃粒重每天减少大约 1.5 mg。当温度从 25/14 ℃（白天/夜晚，D/N）提高到 31/20 ℃（D/N）时，籽粒糊粉层和胚乳细胞结构改变，导致籽粒皱缩。低温时小麦籽粒糊粉层有大细胞存在，遇高温时胚乳细胞结构紧凑。高温对小麦粒数和粒重的影响程度与小麦品种对高温的耐受性有关，当提高灌浆期温度时，品种间粒重降幅在 10％～60％之间。

第二节　强筋春小麦品种感温特性研究

对育种者而言，准确掌握影响小麦品种不同生长阶段发育进程的关键环境因子至关重要，育种者能够利用这些知识来发掘品种潜力和确定其培育品种的适应区域。因此明确小麦品种生长发育对温度不同反应对育种者具有重要意义。

东北春麦区是我国高纬度麦产区，地域辽阔，南北麦区纬度跨度较大，南北麦区之间小麦播种期和成熟期可相差一个月之久。不同麦区之间光照和温度条件差别较大，导致各生态条件下的同苗龄期小麦光温条件明显不同。东北春麦区小麦品种春化低温效应较小，在正常播种条件下均可以通过春化阶段。小麦品种各个发育阶段进程的差别主要取决于品种的光照阶段感光性强弱和光照阶段完成后对温度高低的反应不同。所以在本小麦产区春小麦品种的光温反应特性是重要的生态适应调控性状。明确本区春小麦品种不同光温反应特性，对春小麦品种发布和育种目标确立具有重要意义。

由于在本区自然条件下不能将光、温二因子各自对小麦的发育影响效应分开，为此，本研究利用一系列严格控光控温试验对黑龙江主栽强筋春小麦品种的感温特性进行研究，分析不同基因型春小麦品种对温度反应特性的差别，以期为小麦育种中的组合配置和后代选择提供理论依据。

一、供试材料

选用 5 个黑龙江省主栽强筋春小麦品种即龙麦 26、龙麦 30、龙麦 31、龙麦 33、克丰 6 号和 2 个国外强筋春小麦品种即 Glenlea 和 Amazon。材料的生态类型及光温反应特性见表 1-1。

表 1 - 1　供试品种生态类型

品种	生态类型
龙麦 26	旱肥型
龙麦 30	旱肥型
龙麦 31	水肥型
龙麦 33	旱肥型
克丰 6 号	旱肥型
Glenlea	旱肥型
Amazon	旱肥型

二、方法

(一) 春化处理方法

将精选的春小麦种子,去掉瘪粒、霉变粒。将籽粒用自来水冲洗干净、H_2O_2(2%)进行表面消毒后,置于培养皿中(垫 1～2 层滤纸)加少许水,在设置温度为 23 ℃、相对湿度为 80%的恒温恒湿培养箱内进行种子萌动处理,待种子露白后,置于冰箱内于 0～2 ℃低温下黑暗处理 7 d,确保试验品种完全通过春化阶段,以满足春小麦品种对春化阶段低温的要求。

(二) 控光控温试验

采用植物智能培养室进行控光控温试验,根据小麦光饱和点和补偿点数据,设置光照时间为 16 h,光照强度为 25 000 lx,设置 3 个不同昼夜温度水平:20 ℃/15 ℃(D/N)、22 ℃/17 ℃(D/N)和 25 ℃/20 ℃(D/N),昼夜温差均为 5 ℃。光照时间均为 4:00—20:00,智能培养室内相对湿度为 75%±5%。

试验采用盆栽方式,利用内径为 14 cm,深度为 15 cm 的聚乙烯塑料盆钵,土壤采自黑龙江省农业科学院育种试验田 0～

30 cm 耕层，黑土，自然风干后过筛充分混匀，每盆装土 0.5 kg，土壤面积为 0.015 m²。播种前与肥料充分混匀，每盆施肥纯氮（N）：硼（P）：钾（K）为 24：12：12。每份材料种 5 盆，每盆保苗数 5 株，花盆底下用无孔盆承接，以减少水土流失，生育期间正常管理（灌溉用水的温度应与实验设置温度一致）。

（三）测量项目与方法

1. 发育进程记录 详细观察并挂牌记录各个供试春小麦品种每株不同生育时期出现的日期，包括出苗期、三叶期、分蘖期、起身期、拔节期、抽穗期、开花期、成熟期。各生育时期的确定标准见表 1-2。

表 1-2 春小麦品种主要生育时期出现的确定标准

发育阶段	确定标准
播 种	播种当天的日期
出苗期	植株胚芽露出地面，第一片叶伸出胚芽鞘 1 cm
三叶期	植株第三片叶接近展开，露出 1 cm，第四片叶未出时
分蘖期	植株第一个分蘖露出叶鞘 0.5～1.0 cm，或第四片叶开始展开
起身期	植株麦苗由匍匐转向直立，主茎第三叶露尖，幼穗分化进入二棱末期
拔节期	植株基部第一伸长节长度达 1.5～2.0 cm
抽穗期	植株穗由旗叶叶鞘露出 1/2
开花期	植株主穗穗中部出现花粉
成熟期	植株籽粒内含物坚实变硬，全株叶片接近枯黄，即可收获的日期

2. 株高测量 成熟期测量记录每株主茎地上部分长度和每节节间的长度，每个实验处理测量 5 株，求其平均值。

3. 节间构成指数计算 节间构成指数为任一节间长度与该节间加下一节间长度之和的比值（I_n，节间构成指数）或穗下节间和倒二节间长度之和与株高的比值（I_L，株高构成指数）。

$$I_n = L_n / L_n + L_{n+1}$$

$$I_L = L_1 + L_2 / L$$

式中：L 为株高（cm）；L_n 为第 n 节长度，n 为自上而下的节位，穗下节间为 1，依次类推。

三、不同温度对不同感温特性小麦发育进程影响

如表 1-3 所示，在不同生长温度条件下，春小麦品种开花期出现的时间不同。同 20 ℃/15 ℃（D/N）相比，22 ℃/17 ℃（D/N）和 25 ℃/20 ℃（D/N）分别使龙麦 26 花期提前 4.4% 和 10.8%、龙麦 30 提前 2.3% 和 4.3%、龙麦 31 提前 2.3% 和 5.8%、龙麦 33 提前 5.4% 和 11.4%、克丰 6 号提前 2.9% 和 5.8%、Amazon 提前 5.2% 和 13.9%、Glenlea 提前 5.3% 和 12.6%。龙麦 26、龙麦 33、Amazon 和 Glenlea 在不同温度间开花期的差异均达到极显著水平（$P < 0.01$），为温敏型材料；龙麦 30、龙麦 31 和克丰 6 号在不同温度间开花期的差异均达到显著水平（$P < 0.05$），为温钝型材料。

表 1-3　不同温度对春小麦品种各阶段发育进程的影响

温度处理 (16 h/8 h)	发育阶段/d	品种						
		龙麦 26	龙麦 30	龙麦 31	龙麦 33	克丰 6 号	Amazon	Glenlea
20 ℃/15 ℃		35.8 Aa	31.4 Aa	31.0 Aa	38.2 Aa	31.2 Aa	33.6 Aa	33.4 Aa
22 ℃/17 ℃	出苗期至拔节期	34.8 Aab	30.8 Aa	30.6 Aa	37.2 Aa	30.8 Aab	32.6 Aab	32.2 Aab
25 ℃/20 ℃		33.2 Ab	30.6 Aa	29.8 Aa	36.4 Aa	30.0 Ab	30.6 Ab	30.4 Ab

（续）

温度处理	发育	品种						
（16 h/8 h）	阶段/d	龙麦26	龙麦30	龙麦31	龙麦33	克丰6号	Amazon	Glenlea
20 ℃/15 ℃		23.2 Aa	20.0 Aa	21.0 Aa	24.4 Aa	23.6 Aa	24.0 Aa	23.6 Aa
22 ℃/17 ℃	拔节期至开花期	21.6 ABb	19.4 Aab	20.2 Aab	22.2 Bb	22.4 Aab	22.0 ABb	21.8 ABb
25 ℃/20 ℃		19.4 Bc	18.6 Ab	19.2 Ab	19.8 Cc	21.6 Ab	19.0 Bc	19.4 Bc
20 ℃/15 ℃		59.0 Aa	51.4 Aa	52.0 Aa	62.6 Aa	54.8 Aa	57.6 Aa	57.0 Aa
22 ℃/17 ℃	出苗期至开花期	56.4 Bb	50.2 Aab	50.8 Aab	59.4 Bb	53.2 ABb	54.6 Bb	54.0 Bb
25 ℃/20 ℃		52.6 Cc	49.2 Ab	49.0 Ab	56.2 Cc	51.6 Bc	49.6 Cc	49.8 Cc

注：每栏中数据后不同大写和小写字母分别表示 0.05 水平和 0.01 水平上的显著性差异。

　　所有春小麦品种对温度反应较为敏感的阶段均在拔节期之后，温敏型小麦品种在拔节期之前不同温度间差异达显著水平（$P<0.05$），拔节期之后不同温度间差异达极显著水平（$P<0.01$）；温钝型小麦品种在拔节期之前不同温度间差异不显著，拔节期之后不同温度间差异达显著水平（$P<0.05$）。

　　当生长温度提高时，所有供试春小麦品种各生长阶段的发育进程均加快，但在不同品种间其影响程度存在差异，存在对温度反应的敏感类型和迟钝类型；即使在同一品种的不同生长阶段影响程度亦不同，从拔节期至开花期是小麦发育进程中对温度反应的敏感时期。

四、不同温度对不同感温特性小麦株高影响

如表 1-4 所示，在不同生长温度条件下，春小麦品种成熟时的株高不同。同 20 ℃/15 ℃相比，22 ℃/17 ℃和 25 ℃/20 ℃分别使龙麦 26 的株高降低 4.5％和 9.6％、龙麦 30 降低 3.0％和5.3％、龙麦 31 降低 4.0％和 6.9％、龙麦 33 降低 5.8％和10.9％、克丰 6 号降低 3.2％和 5.0％、Amazon 降低 6.1％和11.1％、Glenlea 降低 4.5％和 9.7％。温敏型小麦品种（龙麦26、龙麦 33、Amazon 和 Glenlea）在不同温度间成熟期株高的差异均达到极显著水平（$P<0.01$）；温钝型小麦品种（龙麦 30、龙麦 31 和克丰 6 号）在不同温度间成熟期株高的差异均达到显著水平（$P<0.05$）。

当生长温度提高时，所有供试春小麦品种株高均降低，但在不同品种间其影响程度存在差异，对温敏型春小麦品种的影响程度大于温钝型小麦品种。

五、不同温度对不同感温特性小麦株高组成影响

如表 1-4 所示，在不同生长温度条件下，春小麦品种成熟时的株高组成不同，但主要影响植株的穗下茎长度，同 20 ℃/15 ℃相比，22 ℃/17 ℃和 25 ℃/20 ℃分别使龙麦 26 穗下茎长度降低30.3％和 16.3％、龙麦 30 降低 15.5％和 6.7％、龙麦 31 降低15.6％和 5.6％、龙麦 33 降低 30.2％和 15.2％、克丰 6 号降低13.3％和 5.0％、Amazon 降低 34.0％和 16.0％、Glenlea 降低

表1-4　温度对春小麦品种节间长度及株高的影响

温度处理(16 h/8 h)	节间 长度/cm	品种						
		龙麦26	龙麦30	龙麦31	龙麦33	克丰6号	Amazon	Glenlea
20 ℃/15 ℃	第Ⅰ节	2.7±0.11 Aa	2.5±0.28 Aa	2.8±0.24 Aa	3.3±0.26 Aa	5.7±0.18 Aa	4.9±0.24 Aa	3.5±0.21 Aa
22 ℃/17 ℃		2.6±0.23 Aa	2.5±0.25 Aa	2.8±0.15 Aa	3.1±0.19 Aa	5.5±0.23 Aa	4.9±0.21 Aa	3.8±0.16 Aa
25 ℃/20 ℃		2.5±0.19 Aa	2.5±0.12 Aa	2.8±0.32 Aa	3.0±0.27 Aa	5.5±0.17 Aa	4.8±0.18 Aa	3.7±0.14 Aa
20 ℃/15 ℃	第Ⅱ节	7.6±0.15 Aa	9.6±0.15 Aa	10.1±0.24 Aa	9.8±0.21 Aa	12.1±0.24 Aa	8.3±0.23 Aa	8.5±0.26 Aa
22 ℃/17 ℃		7.4±0.20 Aa	9.6±0.22 Aa	10.0±0.15 Aa	9.5±0.16 Aa	12.0±0.13 Aa	7.9±0.22 Aa	8.3±0.18 Aa
25 ℃/20 ℃		7.3±0.24 Aa	9.5±0.19 Aa	10.0±0.32 Aa	9.3±0.27 Aa	11.9±0.22 Aa	7.9±0.14 Aa	8.3±0.15 Aa

（续）

温度处理 (16 h/8 h)	节间	长度/cm	品种						
			龙麦26	龙麦30	龙麦31	龙麦33	克丰6号	Amazon	Glenlea
20℃/15℃	第Ⅲ节		15.7±0.14 Aa	14.8±0.24 Aa	10.1±0.21 Aa	13.6±0.14 Aa	14.2±0.21 Aa	9.9±0.15 Aa	10.0±0.27 Aa
22℃/17℃			15.6±0.28 Aa	14.6±0.16 Aa	10.0±0.17 Aa	13.3±0.25 Aa	14.1±0.17 Aa	9.9±0.13 Aa	9.8±0.21 Aa
25℃/20℃			15.4±0.20 Aa	14.5±0.34 Aa	10.0±0.22 Aa	13.1±0.20 Aa	13.9±0.22 Aa	9.7±0.16 Aa	9.5±0.13 Aa
20℃/15℃	第Ⅳ节		23.0±0.10 Aa	22.0±0.11 Aa	17.4±0.17 Aa	22.8±0.16 Aa	20.7±0.18 Aa	10.8±0.18 Aa	12.0±0.18 Aa
22℃/17℃			22.8±0.25 Aa	21±0.23 Aa	17.1±0.15 Aa	22.2±0.14 Aa	20.3±0.13 Aa	10.7±0.13 Aa	11.9±0.13 Aa
25℃/20℃			22.6±0.18 Aa	21.6±0.14 Aa	16.4±0.24 Aa	22.0±0.22 Aa	20.2±0.24 Aa	10.6±0.24 Aa	11.7±0.24 Aa

（续）

温度处理 (16 h/8 h)	节间 长度/cm	品种						
		龙麦26	龙麦30	龙麦31	龙麦33	克丰6号	Amazon	Glenlea
20 ℃/15 ℃	第Ⅴ节	35.0±0.18 Aa	26.6±0.28 Aa	31.2±0.24 Aa	37.3±0.15 Aa	30.1±0.15 Aa	15.8±0.17 Aa	18.5±0.14 Aa
22 ℃/17 ℃		31.3±0.23 Bb	24.8±0.13 Ab	28.5±0.15 Ab	33.0±0.22 Bb	27.9±0.31 Bb	15.6±0.22 Aa	18.2±0.26 Aa
25 ℃/20 ℃		28.9±0.17 Cc	22.3±0.21 Ac	27.0±0.31 Ac	28.6±0.25 Cc	26.6±0.18 Cc	15.6±0.16 Aa	18.0±0.18 Aa
20 ℃/15 ℃	第Ⅵ节	—	—	—	—	—	35.0±0.21 Aa	33.4±0.19 Aa
22 ℃/17 ℃		—	—	—	—	—	31.3±0.17 Bb	29.0±0.31 Bb
25 ℃/20 ℃		—	—	—	—	—	26.2±0.22 Cc	25.8±0.24 Cc

（续）

温度处理 (16 h/8 h)	节间 长度/cm	品种						
	株高	龙麦 26	龙麦 30	龙麦 31	龙麦 33	克丰 6 号	Amazon	Glenlea
20 ℃/15 ℃		95.3±0.13 Aa	85.9±0.18 Aa	78.2±0.18 Aa	99.4±0.14 Aa	92.4±0.20 Aa	99.7±0.15 Aa	100.8±0.17 Aa
22 ℃/17 ℃		91.0±0.28 Bb	83.4±0.13 Ab	75.1±0.13 Ab	93.7±0.23 Bb	89.4±0.18 Ab	92.1±0.12 Bb	94±0.26 Bb
25 ℃/20 ℃		86.1±0.15 Cc	81.4±0.21 Ac	72.8±0.21 Ac	88.6±0.17 Cc	87.8±0.27 Ac	85.5±0.21 Cc	87.5±0.23 Cc

注：每栏数据后不同大写和小写字母分别表示 0.05 水平和 0.01 水平上的显著性差异。

30.0％和13.0％。温敏型小麦品种在不同温度间穗下茎长度的差异均达到极显著水平（$P<0.01$）；温钝型小麦品种在不同温度间穗下茎长度的差异均达到显著水平（$P<0.05$）。不同温度条件下穗下茎长度与成熟期株高显著正相关。但是不同温度对不同感温特性的春小麦品种其他节间长度影响差异均不显著（$P>0.05$）。

生长温度主要影响春小麦品种的穗下茎长度，对其他节间长度影响较小，在不同温度条件下，不同感温特性春小麦品种的株高变化主要由穗下茎长度变化引起。

六、不同温度对不同感温特性小麦株高构成指数影响

如表1-5所示，在不同生长温度条件下，对春小麦品种株高构成指数 I_2、I_3、I_4 和 I_5 影响较小，差异不显著。但是 I_L 和 I_1 在不同感温特性春小麦品种间存在差异，温敏型小麦品种在不同温度间的差异达极显著水平（$P<0.01$）；温钝型小麦品种在不同温度间的差异达显著水平（$P<0.05$）。同 20 ℃/15 ℃ 相比，22 ℃/17 ℃ 和 25 ℃/20 ℃ 分别使龙麦 26 的 I_L 提高 1.8％和 4.2％、龙麦 30 提高 1.2％和 2.1％、龙麦 31 提高 1.4％和 2.1％、龙麦 33 提高 1.7％和 4.0％、克丰 6 号提高 1.1％和 0.3％、Amazon 提高 2.6％和 4.6％、Glenlea 提高 2.3％和 4.0％；使龙麦 26 的 I_1 降低 4.3％和 9.9％、龙麦 30 降低 3.0％和 5.7％、龙麦 31 降低 2.6％和 3.1％、龙麦 33 降低 2.9％和 6.4％、克丰 6 号降低 2.4％和 4.2％、Amazon 降低 4.2％和 9.0％、Glenlea 降低 4.5％和 8.6％。

当生长温度提高时所有供试春小麦品种株高构成指数 I_L 提高，I_1 降低，但在不同品种间其影响程度存在差异，对温敏型春小麦品种的影响程度大于温钝型小麦品种。

表 1-5 温度对春小麦品种株高构成指数的影响

I_n	温度处理 (16 h/8 h)	株高构成指数						
		龙麦 26	龙麦 30	龙麦 31	龙麦 33	克丰 6 号	Amazon	Glenlea
I_1	20 ℃/15 ℃	0.604 Aa	0.565 Aa	0.642 Aa	0.733 Aa	0.593 Aa	0.689 Aa	0.643 Aa
	22 ℃/17 ℃	0.578 Bb	0.548 Ab	0.625 Ab	0.712 Bb	0.579 Bb	0.660 Bb	0.614 Bb
	25 ℃/20 ℃	0.544 Cc	0.533 Ac	0.622 Ac	0.686 Cc	0.568 Bc	0.627 Cc	0.588 Cc
I_2	20 ℃/15 ℃	0.594 Aa	0.597 Aa	0.633 Aa	0.626 Aa	0.593 Aa	0.594 Aa	0.607 Aa
	22 ℃/17 ℃	0.594 Aa	0.598 Aa	0.632 Aa	0.627 Aa	0.590 Aa	0.593 Aa	0.605 Aa
	25 ℃/20 ℃	0.593 Aa	0.599 Aa	0.622 Ab	0.625 Aa	0.593 Aa	0.595 Aa	0.606 Aa
I_3	20 ℃/15 ℃	0.675 Aa	0.607 Aa	0.592 Aa	0.582 Aa	0.540 Aa	0.522 Aa	0.545 Aa
	22 ℃/17 ℃	0.679 Aa	0.604 Aa	0.589 Aa	0.585 Aa	0.541 Aa	0.519 Aa	0.548 Aa
	25 ℃/20 ℃	0.680 Aa	0.603 Aa	0.589 Aa	0.583 Aa	0.538 Aa	0.522 Aa	0.552 Aa
I_4	20 ℃/15 ℃	0.740 Aa	0.795 Aa	0.716 Aa	0.745 Bb	0.678 Aa	0.544 Aa	0.541 Aa
	22 ℃/17 ℃	0.737 Aa	0.795 Aa	0.716 Aa	0.753 Aa	0.685 Aa	0.556 Aa	0.541 Aa
	25 ℃/20 ℃	0.743 Aa	0.794 Aa	0.716 Aa	0.759 Aa	0.684 Aa	0.551 Aa	0.534 Aa

（续）

I_n	温度处理 (16 h/8 h)	株高构成指数						
		龙麦 26	龙麦 30	龙麦 31	龙麦 33	克丰 6 号	Amazon	Glenlea
I_5							0.631 Aa	0.708 Aa
							0.617 Aa	0.686 Aa
							0.622 Aa	0.692 Aa
I_L	20 ℃/15 ℃	0.731 Cc	0.751 Ac	0.715 Ac	0.727 Cc	0.754 Cc	0.740 Cc	0.751 Cc
	22 ℃/17 ℃	0.744 Bb	0.760 Ab	0.725 Ab	0.739 Bb	0.762 Bb	0.759 Bb	0.768 Bb
	25 ℃/20 ℃	0.762 Aa	0.767 Aa	0.730 Aa	0.756 Aa	0.756 Aa	0.774 Aa	0.781 Aa

注：每栏数据后不同大写和小写字母分别表示 0.05 水平和 0.01 水平上的显著性差异。

七、小结

小麦拔节期到开花期是对温度反应较为敏感的阶段，这种"早熟性"与品种间感温特性密切相关。同一小麦品种在拔节至开花期间感温特性不同，在不同温度条件下生长发育进程不同。高温条件下温敏型小麦品种生长发育较快，温钝型相对变慢；低温条件下温钝型小麦品种生长发育较快，而温敏型相对变慢。两种感温类型小麦品种的生长发育速率与温度之间均存在线性关系。

随着现代农业生产条件的改善，倒伏仍是限制小麦高产稳产的主要因子。小麦株高发育特点受基因型和环境条件的共同作用。不同温度条件下小麦品种株高变化与其感温特性密切相关。为此，在东北春麦区小麦生产中，针对小麦品种感温特性，特别是光钝温敏类型品种，如龙麦 26 等，采取压青苗和喷施矮壮素等配套措施，以栽培措施调控光周期反应和感温特性，降低温敏型品种在高氮和低温条件下株高变化幅度，提高秆强度，可显著扩大温敏型小麦新品种生态适应范围并提升其生产能力。

小麦 I 值是一个比较稳定的性状，不随株高变化而变化，反映的是各节间长度分配关系，能综合表达株高及各节间长度之间的关系。小麦 I 值不仅可以作为品种抗倒性强弱的标志，还反映了光合面积空间布置和同化物运转分配方面的信息。在本研究中，满足光周期条件下，除了 I_L 和 I_1 外，温度条件变化对小麦品种其他 I 值影响不显著，温度偏高时使所有小麦品种的 I_L 降低，I_1 提高。但对不同品种影响幅度不同，对温敏型小麦品种影响较大，I_L 和 I_1 在不同温度间差异达极显著水平（$P <$ 0.01）；对温钝型小麦品种影响较小，I_L 和 I_1 在不同温度间差异达显著水平（$P < 0.05$）。在本实验中 I_L 和 I_1 的变化主要是由于穗下茎的长度对温度条件变化较敏感所致。在黑龙江小麦品种中 I_L 和 I_1 变化程度与春小麦的感温特性相关。

小麦属长日低温作物。小麦品种春化阶段低温效应的大小及光照阶段光周期反应程度是影响小麦发育进程快慢的两个重要特性。春化阶段和光照阶段通过后，小麦品种间存在着感温特性差异。高温使所有小麦品种的发育进程加快，但是温敏型小麦品种的变化幅度大于温钝型小麦品种，主要体现在从拔节期到开花期的持续天数和株高变化等。小麦从拔节到开花期为对温度条件变化敏感阶段。高温使所有小麦品种的株高变矮，对穗下茎长度和

株高构成指数中 I_1 值的影响幅度最大。

综上所述，小麦从拔节到开花的天数和穗下茎长度可作为判断小麦感温特性的性状特征。小麦品种春化阶段和光照阶段通过后，温度是控制小麦拔节至成熟期间生长发育进程的主导气候因子。小麦品种的感温特性属生态适应调控性状。龙麦 30、龙麦 31和克丰 6 号可划分为温钝型小麦品种；龙麦 26、龙麦 33、Amazon和 Glenlea 可划分为温敏型小麦品种。

第二章 小麦灌浆期高温胁迫研究

第一节 高温对小麦灌浆期的影响

小麦是世界上最主要粮食作物之一。与其他作物相比，小麦不但为人类提供最多的热量，而且提供了最多的蛋白质。小麦（$2n = 6x = 42$AABBDD）复杂的遗传基础形成了其对光照和温度条件的广泛适应性。种植范围从北纬60°到南纬44°，能够生长在不同的环境条件下。所以小麦成为世界上种植面积最大的作物。植物不像动物可以通过迁徙来选择其生长的环境条件，植物只能被动地适应环境条件变化。虽然小麦具有广泛适应性，但是一些生物胁迫（如病害、虫害、杂草）和非生物胁迫（如干旱、高温、高盐、洪涝、冻害等）因子严重影响小麦产量。在众多非生物胁迫因子中，高温是限制小麦产量的最重要环境因素。

在世界范围内，小麦灌浆期遇到阶段性高温是较为常见的现象。随着全球气温不断升高，未来出现极端高温天气的频率也随之增加，小麦生育期间温度大幅度变化将给小麦生产带来更大影响。在我国小麦主产区灌浆期常遇极端高温天气引起小麦减产。高温包括长期高温（25~32℃）和短期高温胁迫（>35℃），均能使小麦灌浆天数缩短，从而降低小麦籽粒重量导致产量降低。一般认为灌浆期温度在15~20℃小麦产量最高，这一温度范围

赋予小麦更长的灌浆期，使籽粒中的淀粉积累量最大。当小麦
生长温度高于最适温度时，平均每升高 1 ℃小麦产量将降低
3%～4%。在灌浆期对高温最敏感阶段，持续 4 d 高温胁迫
（＞35 ℃）会使籽粒产量降低 23%。但高温对小麦产量的影响程
度主要取决于品种对高温的敏感特性及遇到高温的时期。

第二节　灌浆期高温胁迫对不同感温特性
春小麦品种籽粒生长的影响研究

　　缓解高温对小麦生产影响的最有效和最经济的办法就是培育
耐热型小麦新品种，但在品种适应性方面，抗热性却不如抗逆性
（如抗干旱、高盐、洪涝、冻害）及抗病性受到小麦育种家和病
理学家的高度重视，在品种选育过程中不是主要的选择性状，在
品种审定中也很少被提及。在小麦生产过程中，由于高温引起的
减产也容易被人们忽视。

　　明确气温升高对小麦产量和品质的影响以及如何提高小麦灌
浆期抗（耐）热能力，使培育出的小麦新品种能够适应未来气候
变化已成为当前国际小麦育种中的重要研究方向之一。由于高温
直接影响籽粒数量和重量，因此灌浆期被认为是影响小麦产量的
最敏感阶段。高温对小花器官造成损伤使成熟时籽粒数减少。当
小麦灌浆期处在高温中时，灌浆天数和灌浆速率的改变是引起籽
粒重量减少的主要原因。有研究表明，遇高温时，同灌浆天数相
比，灌浆速率变化较小，高温时粒重的降低主要由灌浆天数缩短
引起。

　　国内外在 20 世纪 90 年代就对小麦的抗热性进行较为系统的
研究，并相继筛选出一批灌浆期抗（耐）热型新种质和适应不同
生态类型的小麦品种，但是在小麦育种中需要继续筛选扩大抗热

性基因型。为应对未来气候变化，应不断提高小麦新品种灌浆期抗（耐）热能力，加大开发具有遗传多样性的抗（耐）热型小麦新种质研究极为重要。在品种和种质抗热性筛选方法上，目前最有效的方法仍是在高温胁迫时选择产量较高的基因型。

一、供试材料

选用对高温敏感性不同的强筋小麦品种龙麦 26（温敏型）和龙麦 30（温钝型）为实验材料，种植于黑龙江省农业科学院盆栽试验场。

二、方法

（一）种植方法

土壤采自黑龙江省农业科学院育种试验田，黑土，自然风干后过筛充分混匀，装入直径 28 cm，高 25 cm 的聚乙烯塑料桶，装土 15 kg，每桶保苗 12 株，基追肥纯氮 127 mg/kg，纯磷 63 mg/kg，纯钾 63 mg/kg。小麦在自然条件下生长至开花期。挂牌记录每盆中每株小麦主穗开花期，以各株小麦开花期的平均数作为此盆的开花期。花后移入人工气候室。

（二）温度处理

人工气候室设定两种不同昼夜温度水平：32 ℃（8:00—18:00）/22 ℃（18:00—8:00）；25 ℃（8:00—18:00）/15 ℃（18:00—8:00），昼夜温差均为 10 ℃，昼夜温度变化过程均需 30 min。光照为 6:00—18:00 时自然光照，人工气候室内相对湿度为 80%。利用人工温室形成高温胁迫，用温度记录仪监测其温度，最高可达 40 ℃，平均最高温度 38 ℃，最低温度 22 ℃。高温胁迫时间为 5 d，对两种温度水平下的小麦品种从花后每 5 d 处理一批次，连续处理直至小麦生理成熟，每次处理 4 盆。人工气候室中没有经过高温胁迫处理的小麦作为该温度条件下的对照。

（三）测定项目与方法

短暂高温胁迫后对每个处理组进行动态取样，每 5 d 取样一次，每次每个处理组取 3～4 株，取主穗脱粒，测定主穗籽粒鲜重和籽粒数量。然后将籽粒放入 40 ℃烘箱烘干 48 h，测定籽粒干重。连续取样，直至花后 40 d 生理成熟。灌浆天数和灌浆速率的计算方法采用 Ordinary logistic 曲线方程。

Ordinary logistic 曲线方程表达式：

$$W(t) = c/1 + \exp[-b(t-m)]$$
$$D = (bm + 2.944)/b$$
$$R = bc/4$$

式中：c 为成熟时籽粒干重，g；t 为灌浆时间，d；D 表示灌浆天数，d；R 表示灌浆速率，mg/d；b、m 为方程拟合的估计值。

三、高温对籽粒生长的影响

如表 2-1 所示，在两种生长温度条件下，龙麦 26 的粒重、灌浆天数和灌浆速率均大于龙麦 30。高温（32 ℃/22 ℃）条件明显降低了强筋小麦品种龙麦 26 和龙麦 30 的粒重和灌浆天数，两品种表现相同：粒重分别减少 29.5%（$P<0.001$）和 28.8%（$P<0.001$），灌浆天数分别减少 25.9%和 23.0%。但是灌浆速率的变化幅度相对较小，龙麦 26 和龙麦 30 的灌浆速率分别降低 8.1%和 8.2%。这一结果表明温度提高使所有供试春小麦品种的灌浆期和粒重降低，但在不同品种间其影响程度存在差异，对温敏型春小麦品种的影响程度大于温钝型小麦品种。高温对两品种灌浆速率影响较小，且降幅相同。灌浆期高温导致的粒重降

低，主要是灌浆期缩短造成的。

表 2-1　不同温度水平下粒重、灌浆天数及最大灌浆速率

品种	温度处理/(D/N)	粒重/mg	灌浆天数/d	灌浆速率/(mg/d)
龙麦 26	25 ℃/15 ℃	32.2	34.8	1.7
	32 ℃/22 ℃	22.7**	25.8	1.6
龙麦 30	25 ℃/15 ℃	26.5	30.3	1.5
	32 ℃/22 ℃	18.9**	23.3	1.4

注：**为 0.01 水平显著性。

四、不同温度水平下短期高温胁迫对粒重的影响

如图 2-1 所示，在两种生长温度条件下 5 d 短期高温胁迫使两小麦品种粒重均显著减少。但是，两小麦品种粒重减少的幅度随着高温胁迫时间的延长而逐渐降低。在两种生长温度条件下，两小麦品种粒重均在灌浆早期阶段受高温胁迫的影响较大。在 25 ℃/15 ℃条件下，花后 0 d 遇到的短期高温胁迫使龙麦 26 和龙麦 30 粒重分别减少 14.0%（$P<0.001$）和 16.5%（$P<$

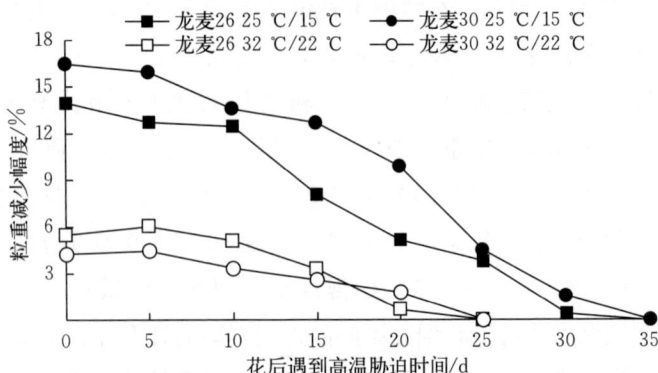

图 2-1　在两种温度条件下短期高温胁迫对粒重的影响

0.001）；在 32 ℃/22 ℃条件下，在花后 5 d 遇到的高温胁迫分别使龙麦 26 和龙麦 30 粒重降低 6.0%（$P>0.05$）和 4.3%（$P>0.05$）。

　　研究表明：两种生长温度相比，短期高温胁迫对生长在低温条件下的小麦粒重影响更大。但在不同温度条件下，短期高温对两小麦品种粒重的影响幅度不同，25 ℃/15 ℃时，在各个处理时期龙麦 30 粒重降低的百分比幅度均大于龙麦 26 的降低幅度；但在 32 ℃/22 ℃时龙麦 26 粒重降低的百分比幅度大于龙麦 30（除了花后 20 d）的降低幅度，这一结果可能与龙麦 30 籽粒重量较低有关。在低温时，高温胁迫对两品种籽粒重量影响更大，龙麦 30 粒重较低，减少相同量的粒重时，减少的百分比更大；而高温条件下，高温胁迫对两品种粒重影响差别不大，龙麦 30 相对降低幅度较小。

五、不同温度水平下短期高温胁迫对灌浆天数的影响

　　在两种温度条件下 5 天短期高温胁迫使两小麦品种灌浆天数均显著减少（图 2-2）。两小麦品种灌浆期减少的幅度随着高温胁迫时间的延长而逐渐降低。在两种生长温度条件下，两小麦品种灌浆天数均在灌浆早期阶段受高温胁迫的影响最大。在 25 ℃/15 ℃条件下，花后 0 d 遇到的短期高温胁迫使龙麦 26 和龙麦 30 灌浆天数分别减少 19.8% 和 9.6%；在 32 ℃/22 ℃条件下，花后 0 d 遇到的高温胁迫分别使龙麦 26 和龙麦 30 灌浆天数降低 4.7% 和 3.4%。以上结果表明：两种生长温度相比，短期高温胁迫对生长在低温条件下的小麦灌浆天数影响更大。在 25 ℃/15 ℃条件下，各个处理时期龙麦 26 灌浆天数降低幅度均大于龙麦 30 的降低幅度，两小麦品种灌浆天数对短期高温胁迫的反应差异较大，短期高温胁迫对温敏型小麦品种的影响大于温钝型小麦品种；但是在 32 ℃/22 ℃条件下，各个处理时期两小麦品种灌浆期降低

幅度相似，两小麦品种的灌浆天数对短期高温胁迫的反应差异较小，但短期高温胁迫对温敏型小麦品种影响同样大于温钝型小麦品种。

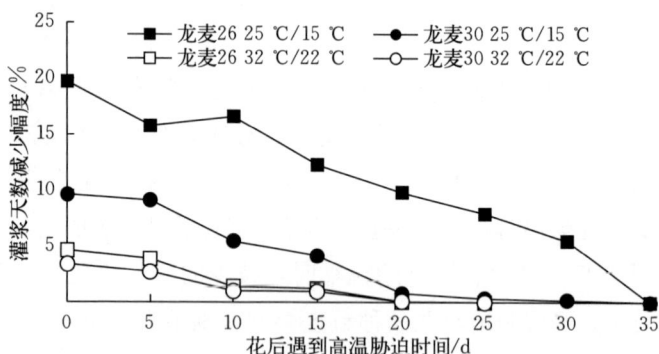

图 2-2　在两种温度条件下短期高温胁迫对灌浆天数的影响

六、不同温度水平下短期高温胁迫对灌浆速率的影响

在两种温度条件下 5 d 短期高温胁迫使两小麦品种灌浆速率均显著减少（图 2-3）。两小麦品种灌浆速率减少的幅度随着高温胁迫时间的延长而逐渐降低。灌浆早期的 5 d 短期高温胁迫对灌浆速率影响最大，在 25 ℃/15 ℃ 条件下，花后 0 d 遇到的短期高温胁迫使龙麦 26 和龙麦 30 灌浆速率分别减少 9.4％和 8.7％；在 32 ℃/22 ℃ 条件下，花后 0 d 遇到的高温胁迫对灌浆速率影响最大，分别使龙麦 26 和龙麦 30 灌浆速率降低 3.8％和 3.7％。5 d 短期高温胁迫对 25 ℃/15 ℃ 条件下两小麦品种灌浆速率影响较大。在两种温度条件下短期高温胁迫对两小麦品种灌浆速率百分比降低幅度差异不显著，除了在 25 ℃/15 ℃ 条件下花后 20 d 和花后 25 d 高温处理外，各处理时期龙麦 26 的灌浆速率百分比降低幅度均高于龙麦 30。短期高温胁迫对温敏型小麦品种的影

响程度大于温钝型小麦品种。

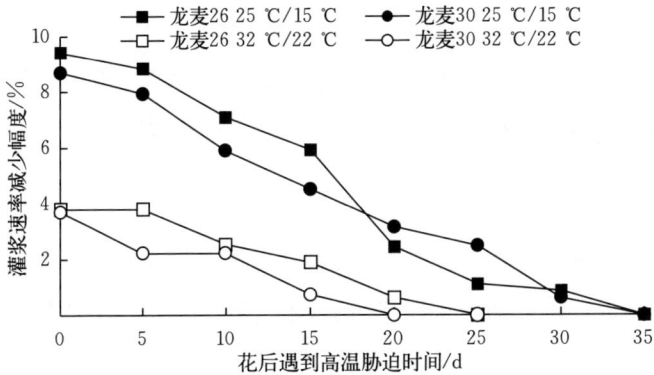

图 2-3　在两种温度条件下短期高温胁迫对灌浆速率的影响

七、不同温度水平下短期高温胁迫对穗粒数的影响

如图 2-4 所示，小麦品种龙麦 26 穗粒数明显高于龙麦 30。在两种温度水平下灌浆期高温胁迫对穗粒数的影响在不同阶段差

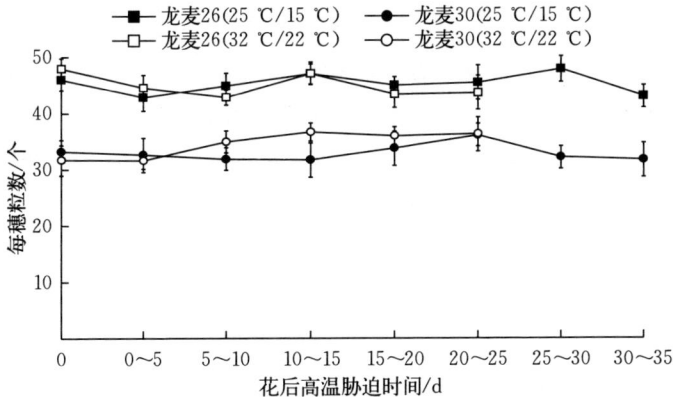

图 2-4　不同温度水平下灌浆期不同阶段短期高温胁迫对两品种
　　　　穗粒数的影响

异不显著，两品种表现一致。即使在灌浆早期 0～5 d 和 5～10 d 期间的 5 d 短期高温胁迫也没有影响到两品种的穗粒数，说明小麦穗粒数是由小麦品种自身遗传因素决定，品种效应较大，不受花后高温影响，至少在本研究中长期高温（32 ℃/22 ℃）和持续 5 d 的短期高温胁迫（＞35 ℃）没有对其产生影响。

八、小结

小麦是对高温较为敏感的作物，特别是灌浆期高温使小麦穗粒数减少、粒重降低从而严重影响小麦产量。环境因素光照强度、温度、水分、肥力以及光温、肥、水条件相互作用对籽粒形成都存在显著影响。灌浆期高温对小麦籽粒生长存在负向效应，品种间对高温反应存在差异。小麦成熟籽粒重量取决于灌浆期长短和灌浆速率大小，粒重降低主要由于灌浆天数和灌浆速率改变引起。虽然灌浆期高温使小麦灌浆速率增加，但灌浆天数明显缩短。灌浆速率的增加不能完全弥补由于灌浆天数缩短引起的干物质积累损失，导致粒重降低。本研究中同 25 ℃/15 ℃ 条件相比，32 ℃/22 ℃ 高温使两小麦品种的灌浆速率和灌浆天数均减少。原因在于大于 30 ℃ 高温使籽粒淀粉积累速率降低，严重影响籽粒干物质积累，导致两小麦品种的灌浆速率降低。但是在本实验中，当灌浆期温度从 25 ℃/15 ℃ 提高到 32 ℃/22 ℃ 时，同灌浆天数相比，两小麦品种的灌浆速率变化幅度相对较小（表 2-1）。

本研究两种温度条件对小麦影响幅度的大小取决于遇到高温的时期，同灌浆中、后期相比，灌浆早期高温对粒重、灌浆天数和灌浆速率的影响较大。低温时（25 ℃/15 ℃）两小麦品种的灌浆天数对高温胁迫的反应存在基因型间差异，对温敏型小麦品种的影响程度大于温钝型小麦品种。但是在高温条件下（32 ℃/22 ℃）这种差异较小（图 2-1 和图 2-2）。虽然在本研究中发现龙麦

26 和龙麦 30 粒重降低的百分比与灌浆天数降低百分比呈显著正相关：在 25 ℃/15 ℃条件下相关系数 $r=0.97$（$P<0.000\ 1$）和 $r=0.89$（$P<0.01$）；在 32 ℃/22 ℃条件下 $r=0.86$（$P<0.05$）和 $r=0.87$（$P<0.05$）。在 25 ℃/15 ℃生长条件下，各个高温胁迫的处理时期对龙麦 26 灌浆天数的影响均大于龙麦 30，但是龙麦 26 的粒重降低幅度较小，这一结果也许表明龙麦 26 较高的灌浆速率和更大的粒重潜力缓解了高温对其的影响。相比之下，在 32 ℃/22 ℃生长条件下短期高温胁迫使两小麦品种的粒重、灌浆天数和灌浆速率降低，但是降低的幅度小于 25 ℃/15 ℃生长条件下的降低幅度，并且在 32 ℃/22 ℃条件下，基因型间对高温胁迫反应的差异也较小，这一结果也许表明在高温条件下生长提高了小麦对短期高温胁迫的耐受力，进一步说明，当小麦生长在适度高温时（<30 ℃），感温特性不同的小麦品种存在对短期高温胁迫反应的差异；但是当小麦生长在对植株产生破坏作用的高温条件下时（>30 ℃），感温特性不同的小麦品种间对短期高温胁迫反应的差异将不存在。

高温胁迫使花药和花粉受到损伤，引起败育，影响穗粒数。本研究中小麦花后高温主要影响粒重，对穗粒数并无影响，即使在灌浆早期（0～5 d）高温胁迫也没有使穗粒数减少。

为应对未来气候变化，不断提高小麦新品种灌浆期抗（耐）热能力，开发具有遗传多样性的抗（耐）热型小麦新种质极为重要。在品种和种质抗热性筛选方法上，田间筛选高温胁迫后耐热性基因型仍是目前最经济有效的选择方法。在田间小麦灌浆期抗（耐）热选择标准上，高温胁迫条件下的籽粒重量是衡量品种抗（耐）热性的重要标准。更高的灌浆速率和粒重潜力有利于品种抗（耐）热性的提高。从本研究结果来看，高温引起的灌浆天数和灌浆速率的变化都会使籽粒重量改变从而影响产量，但影响产量的显著水平取决于遇到高温的时期，同时应注意选择遇高温时灌浆期和灌浆速率变化相对较小的温钝型小麦种质。

随着全球气温增长，在世界范围内小麦灌浆期遇到阶段性高温是较为常见的现象，并将严重影响小麦产量，培育抗（耐）热型小麦品种是降低高温热害的最有效方法。本实验中在各种高温处理条件下，灌浆速率的变化相对较小。所以，高的灌浆速率和高的粒重潜力的温钝型小麦品种应该作为抗（耐）热育种选择的标准。

第三章 灌浆期高温对强筋春小麦品种品质影响及品质稳定性研究

第一节 灌浆期高温对小麦品质影响

　　温度对每一种生物化学过程的作用都包括从最低点—最适点—最高点的基本特征，即化学反应开始运行—反应速度达到最快—反应速度从最适点开始逐渐下降至零。因此，温度影响着植物体所有生理机能，决定着反应速度和对营养吸收的强度，从而影响籽粒化学组成。高温不仅影响小麦生长发育，而且影响小麦品质，特别是灌浆期天气条件显著影响小麦品种品质特性。小麦品质是决定小麦最终用途的标准，也是衡量小麦质量好坏的依据。在遗传学上，小麦品质既受遗传控制，也受环境条件变化影响。在众多环境因素中，灌浆期温度被认为是影响小麦品质的主要因素。高温使籽粒蛋白质含量升高，但淀粉含量降低，因此气温升高使籽粒干瘪瘦小，粒重降低，相对地，氮的浓度增加。籽粒蛋白质含量和粒型是决定小麦品质的重要性状。灌浆期温度在 $15\sim21\ ℃$，小麦籽粒中的蛋白质绝对含量随温度升高而增加，对淀粉影响不大；当温度在 $15\sim30\ ℃$，蛋白质含量随温度的提高比淀粉积累的量多；但当温度高于 $30\ ℃$ 时，籽粒中淀粉和蛋白质含量均降低，淀粉减少幅度比蛋白质减少幅度大。小麦灌浆期遇到高温和热害，可使小麦籽粒蛋白质含量升高，但蛋白的功能特性显著降低。当小麦灌浆期处于适度高温时，可通过提高籽粒蛋白质含量，增强面团强度，提高小麦品质；当温度大于30 ℃形成高温胁迫时，虽然蛋白质含量提高，但面团强度不再受蛋白质含量影响，导致面筋质量下降。

小麦胚乳蛋白中含有形成面团特有的面筋蛋白，小麦面粉是加水后唯一能形成具有黏弹性面团的谷物。小麦这一特性使小麦面粉能够制作各种食物，但是加工不同食物对面团的黏度和弹性有不同要求，面团的流变学特性测试是预测面团加工品质和控制食品质量的有效措施。目前测试面团流变学特性的主要设备仪器包括德国布拉本德粉质仪（Farinograph）、拉伸仪（Extensograph）、黏度仪（Viscograph）、法国的吹泡示功仪（Alveograph）、美国的耐揉仪（Mixgraph）等。这些仪器能够全面反映面团的特征和特性，为食品加工业的工艺流程设置提供了有用信息。但是面团流变学特性主要取决于面粉蛋白含量和各种蛋白组分构成，小麦面筋蛋白含量是划分小麦品质类型的主要标准，但是小麦品质差异还与蛋白各组分比例协调程度有关。

第二节　灌浆期高温对强筋春小麦品种面团流变学特性的影响

东北春麦区具有适宜强筋春小麦生产的气候条件，也是我国强筋春小麦主产区。随着全球气温升高，该麦区小麦灌浆期气温也有上升趋势。近年来由于年度间气温变化，在黑龙江各春麦生产区灌浆期短暂高温胁迫时有发生，从而发现在同一年度地点间及同一地点年度间有些小麦品种品质指标变化较大。由于该麦区地处北半球，小麦灌浆期时已进入6月下旬多雨期，同一年度地点间的光照及降雨量差别不大，但温度变化较大。明确灌浆期高温胁迫对本麦区主栽强筋春小麦品种品质参数影响，对该区强筋春小麦生产意义重大。

一、供试材料

选用 5 个黑龙江省主栽强筋春小麦品种即龙麦 26、龙麦 30、龙麦 31、龙麦 33、克丰 6 号和 2 个国外强筋春小麦品种即 Glenlea 和 Amazon。高分子量麦谷蛋白亚基组成见表 3-1。

表 3-1　供试品种高分子量麦谷蛋白亚基组成

品种	高分子量麦谷蛋白亚基组成		
	$Glu-A1$	$Glu-B1$	$Glu-D1$
龙麦 26	2*	7+9	5+10
龙麦 30	2*	7+9	5+10
龙麦 31	1	7+9	5+10
龙麦 33	2*	7+9	5+10
克丰 6 号	2*	7+9	5+10
Glenlea	2*	7+9	5+10
Amazon	2*	7+9	5+10

注：* 代表不同麦谷蛋白亚基编号；$Glu-A1$、$Glu-B1$、$Glu-D1$ 代表编码不同麦谷蛋白亚基的基因位点；7+9、5+10 代表此小麦品种 $Glu-B1$ 基因位点编码 2 个亚基，为 7+9 亚基；$Glu-D1$ 基因位点编码 5+10 亚基。

二、研究方法

(一) 实验设计

1. 实验一　盆栽实验于 2011—2012 年连续两年在黑龙江省农业科学院盆栽试验场进行，盆栽采土和施肥见第三章。当供试小麦品种开花后 3 d 移入人工温室，进行灌浆期高温胁迫处理。人工温室外盆栽试验场的温度为 T_O（temperature outside），人工温室内高温胁迫处理的温度为 T_I（temperature inside）。人工温室内外均采用 DWHJ2 型自走式温度记录仪（长春气象仪器有限公司监制）记录 24 h 温度变化（图 3-1）。

2. 实验二 2012 年利用黑龙江省农业科学院作物栽培研究所的人工气候室进行灌浆期严格控温实验，选用品种、两种温度设置（高温：32 ℃/22 ℃；低温：25 ℃/15 ℃）及种植方法见第二章。小麦收获后脱粒进行品质测试。

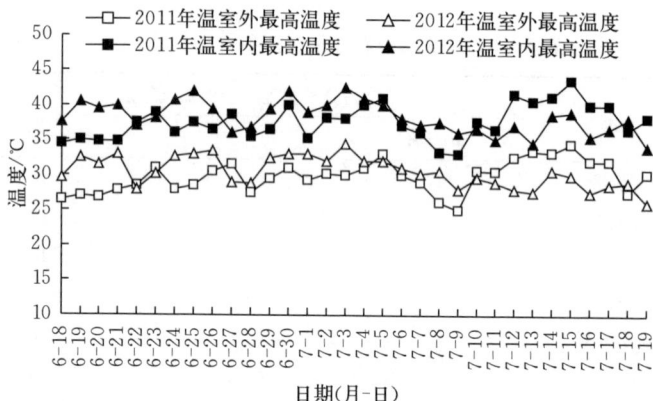

图 3-1　小麦灌浆期温室内外日最高气温

（二）品质分析方法

用德国 Brabender 公司的 Quadrumat® Senior 试验磨粉机按 AACC26-20 方法制粉；用瑞典 Perten 公司的 DA7200 型连续光谱固定光栅分析仪（DA7200 Diode Array Analyzer）测定面粉蛋白含量；用瑞典 Perten 公司的 Glutomatic2200 面筋自动分析仪（Gultomatic System），按 GB/T 14608—93 方法测定干、湿面筋含量（GB/T 10248—1995）；Zeleny 沉降值用德国 Brabender 公司摇混器，按 AACC56-61 方法测定；面团流变学特性用 Brabender 公司的粉质仪（Farinograph）和拉伸仪（Extensograph），分别按 AACC54-21 和 AACC54-10 方法测定；液相色谱

分析参照张平平方法略有改进，为提高分离效果，柱温设置 70 ℃。

三、籽粒蛋白质、面筋和沉降值参数

如表 3-2 所示，在人工温室条件下，小麦灌浆期高温使龙麦 26 的籽粒蛋白和面粉蛋白分别提高 58.0％和 52.9％、龙麦 30 分别提高 65.4％和 48.6％、龙麦 31 分别提高 66.9％和 50.9％、龙麦 33 分别提高 38.5％和 34.5％、克丰 6 号分别提高 64.2％和 49.6％、Amazon 分别提高 50.3％和 47.6％、Glenlea 分别提高 57.4％和 52.4％。使龙麦 26 的湿面筋和干面筋分别提高 48.4％和 55.6％、龙麦 30 分别提高 39.7％和 37.5％、龙麦 31 分别提高 42.8％和 50.0％、龙麦 33 分别提高 31.0％和 37.5％、克丰 6 号分别提高 44.1％和 55.6％、Amazon 分别提高 40.0％和 55.6％、Glenlea 分别提高 44.1％和 55.6％。使龙麦 26 的 Zeleny 沉降值提高 24.8％、龙麦 30 提高 11.4％、龙麦 31 提高 27.2％、龙麦 33 提高 34.0％、克丰 6 号提高 55.1％、Amazon 提高 12.1％、Glenlea 提高 17.1％。使龙麦 26 的 SDS 沉降值降低 18.4％、龙麦 30 降低 10.8％、龙麦 31 降低 11.9％、龙麦 33 降低 11.1％、克丰 6 号降低 15.6％、Amazon 降低 15.4％、Glenlea 降低 19.6％。所有品种在两温度间各数据的差异均达极显著水平（$P < 0.01$）。以上结果表明：灌浆期高温能够显著提高籽粒蛋白质含量。

如表 3-3 所示，在人工气候室条件下，同 25 ℃/15 ℃条件相比，小麦灌浆期 32 ℃/22 ℃使龙麦 26 和龙麦 30 的籽粒蛋白分别提高 28.2％和 50.9％、面粉蛋白分别提高 24.4％和 41.5％、湿面筋分别提高 17.9％和 23.0％、干面筋分别提高 14.3％和 27.3％、Zeleny 沉降值分别提高 8.8％和 3.9％、SDS 沉降值分别降低 8.5％和 19.0％。

表 3 - 2　高温胁迫对蛋白含量、面筋和沉降值的影响

品种	处理	2011—2012 年平均					
		籽粒蛋白/ %	面粉蛋白/ %	湿面筋/ %	干面筋/ %	Zeleny 沉降值/ mL	SDS 沉降值/ mL
龙麦 26	T_O	13.8 Aa	12.1 Aa	27.9 Aa	0.9 Aa	44.0 Aa	61.0 Aa
	T_I	21.8 Bb	18.5 Bb	41.4 Bb	1.4 Bb	54.9 Bb	49.8 Bb
龙麦 30	T_O	12.7 Aa	10.9 Aa	21.9 Aa	0.8 Aa	33.3 Aa	49.3 Aa
	T_I	21.0 Bb	16.2 Bb	30.6 Bb	1.1 Bb	37.1 Bb	44.0 Bb
龙麦 31	T_O	12.7 Aa	11.0 Aa	23.6 Aa	0.8 Aa	39.0 Aa	57.9 Aa
	T_I	21.2 Bb	16.6 Bb	33.7 Bb	1.2 Bb	49.6 Bb	51.0 Bb
龙麦 33	T_O	13.5 Aa	11.3 Aa	23.9 Aa	0.8 Aa	43.5 Aa	64.8 Aa
	T_I	18.7 Bb	15.2 Bb	31.3 Bb	1.1 Bb	58.3 Bb	57.6 Bb
克丰 6 号	T_O	13.4 Aa	12.1 Aa	29.0 Aa	0.9 Aa	37.6 Aa	59.8 Aa
	T_I	22.0 Bb	18.1 Bb	41.8 Bb	1.4 Bb	58.3 Bb	50.5 Bb
Amazon	T_O	14.3 Aa	12.6 Aa	26.5 Aa	0.9 Aa	41.3 Aa	56.4 Aa
	T_I	21.5 Bb	18.6 Bb	37.1 Bb	1.4 Bb	46.3 Bb	47.7 Bb
Glenlea	T_O	14.1 Aa	12.4 Aa	25.6 Aa	0.9 Aa	41.0 Aa	56.7 Aa
	T_I	22.2 Bb	18.9 Bb	36.9 Bb	1.4 Bb	48.0 Bb	45.6 Bb

　　注：每栏中数据后不同大写和小写字母分别表示 0.05 水平和 0.01 水平上的显著性差异。

表 3 - 3　两小麦品种在人工气侯室两种温度条件下品质参数变化

参数		龙麦 26		龙麦 30	
		32 ℃/22 ℃	25 ℃/15 ℃	32 ℃/22 ℃	25 ℃/15 ℃
近红外仪参数	籽粒蛋白/%	23.2	18.1	24.9	16.5
	面基蛋白/%	20.9	16.8	20.8	14.7
	湿面筋/%	46.2	39.2	40.7	33.1
	干面筋/%	1.6	1.4	1.4	1.1
	Zeleny 沉降值/mL	55.5	51.0	40.0	38.5
	SDS 沉降值/mL	43.0	47.0	34.0	42.0
粉质仪参数	吸水率/g/100 mL	64.9	61.1	64.1	61.6
	形成时间/min	46.3	32.9	50.0	32.9
	稳定时间/min	38.6	29.7	50.7	29.7
	断裂时间/min	60.9	41.2	67.8	41.2
	弱化度/F.U	32.0	38.0	14.0	38.0
拉伸仪参数	拉伸面积/cm²	—	204.0	—	117.0
	5 cm 阻力/EU	—	981.0	—	1 422.0
	延伸性/cm	—	141.0	—	81.0
	最大阻力/EU	—	1 273.0	—	1 438.0

四、粉质仪参数变化

如表 3 - 4 所示，在人工温室条件下，小麦灌浆期高温使龙麦 26 的吸水率提高 9.5%、龙麦 30 提高 3.6%、龙麦 31 提高 4.5%、龙麦 33 提高 0.7%、克丰 6 号提高 6.2%、Amazon 提高 5.5%、Glenlea 提高 9.0%。使龙麦 26 的形成时间和稳定时间分别提高 122.1% 和 31.8%、龙麦 30 分别提高 1 238.9% 和 533.3%、龙麦 31 分别提高 2 175.3% 和 354.0%、龙麦 33 分别提高 933.3% 和 1 407.7%、克丰 6 号分别提高 288.0% 和 220.0%，Amazon 分别提高 1 755.0% 和 834.6%、Glenlea 分别

提高 2 216.7％和 667.7％。使龙麦 26 的弱化度降低 29.0％、龙麦 30 降低 37.4％、龙麦 31 降低 42.0％、龙麦 33 降低 74.6％、克丰 6 号降低 56.4％、Amazon 降低 53.2％、Glenlea 降低 46.6％。使龙麦 26 的断裂时间提高 85.4％、龙麦 30 提高 367.2％、龙麦 31 提高 1 744.1％、龙麦 33 提高 1 061.3％、克丰 6 号提高 246.4％、Amazon 提高 1 191.9％、Glenlea 提高 1 246.2％。所有品种在两温度间各数据的差异均达极显著水平（$P<0.01$）。以上结果表明：灌浆期高温显著提高粉质仪参数的吸水率、形成时间、稳定时间和断裂时间，使弱化度显著降低。

如表 3-3 所示，在人工气候室条件下，同 25 ℃/15 ℃条件相比，小麦灌浆期 32 ℃ /22 ℃使龙麦 26 和龙麦 30 的吸水率分别提高 6.2％和 4.1％、形成时间分别提高 40.7％和 52.0％、稳定时间分别提高 30.0％和 70.7％、断裂时间分别提高 47.8％和 64.6％、弱化度分别降低 15.8％和 63.2％。

表 3-4　高温胁迫对粉质仪参数的影响

品种	处理	2011—2012 年平均				
		吸水率/ (g/100 mL)	形成时间/ min	稳定时间/ min	断裂时间/ min	弱化度/ (F. U)
龙麦 26	T_O	58.8 Bb	14.5 Bb	24.5 Bb	26.0 Bb	34.5 Aa
	T_I	64.4 Aa	32.2 Aa	32.3 Aa	48.2 Aa	24.5 Bb
龙麦 30	T_O	58.4 Bb	1.8 Bb	8.4 Bb	6.7 Bb	61.5 Aa
	T_I	60.5 Aa	24.1 Aa	53.2 Aa	31.3 Aa	38.5 Bb
龙麦 31	T_O	59.7 Bb	2.0 Bb	12.4 Bb	3.4 Bb	44.0 Aa
	T_I	62.4 Aa	45.5 Aa	56.3 Aa	62.7 Aa	25.5 Bb

（续）

品种	处理	2011—2012 年平均				
		吸水率/ (g/100 mL)	形成时间/ min	稳定时间/ min	断裂时间/ min	弱化度/ (F. U)
龙麦 33	T_O	59.1 Bb	1.8 Bb	2.6 Bb	3.1 Bb	86.5 Aa
	T_I	59.5 Aa	18.6 Aa	39.2 Aa	36.0 Aa	22.0 Bb
克丰 6 号	T_O	57.7 Bb	5.0 Bb	10.5 Bb	11.2 Bb	50.5 Aa
	T_I	61.3 Aa	19.4 Aa	33.6 Aa	38.8 Aa	22.0 Bb
Amazon	T_O	58.3 Bb	2.0 Bb	5.2 Bb	3.7 Bb	55.5 Aa
	T_I	61.5 Aa	37.1 Aa	48.6 Aa	47.8 Aa	26.0 Bb
Glenlea	T_O	57.7 Bb	1.8 Bb	6.5 Bb	3.9 Bb	58.0 Aa
	T_I	62.9 Aa	41.7 Aa	49.9 Aa	52.5 Aa	31.0 Bb

注：每栏数据后不同大写和小写字母分别表示 0.05 水平和 0.01 水平上的显著性差异。

五、拉伸仪参数变化

如表 3-5 所示，在 2012 年人工温室条件下，高温使龙麦 26 和龙麦 33 拉伸面积分别提高 9.3% 和 37.4%。使 Amazon 和 Glenlea 拉伸面积分别降低 16.9% 和 2.7%。分别使龙麦 26、龙麦 33、Amazon、Glenlea 的 5 cm 阻力和最大阻力增加 75.6% 和 78.0%、365.8% 和 241.9%、247.0% 和 93.4%、207.9% 和 83.0%。高温使所有品种的延伸性降低，分别使龙麦 26、龙麦 33、Amazon、Glenlea 的延伸性降低 24.8%、50.6%、52.8% 和 42.4%。以上结果表明：高温对拉伸面积影响不大，高温增加了面团拉伸阻力，使面团强度增强，但显著降低了面团的延伸性，使籽粒品质下降。

表 3 − 5　高温胁迫对拉伸仪参数的影响

品种	处理	拉伸面积/cm²	5cm 阻力/EU	延伸性/cm	最大阻力/EU
龙麦 26	T_O	107	754	105	815
	T_I	117	1 324	79	1 451
龙麦 33	T_O	99	304	176	415
	T_I	136	1 416	87	1 419
Amazon	T_O	207	472	193	847
	T_I	172	1 638	91	1 638
Glenlea	T_O	219	532	191	895
	T_I	213	1 638	110	1 638

六、蛋白组分变化

如表 3 − 6 所示，在人工温室条件下，小麦灌浆期高温使龙麦 26 的高分子麦谷蛋白亚基相对含量提高 113.09％、龙麦 30 提高 46.14％、龙麦 31 提高 59.42％、龙麦 33 提高 70.76％、克丰 6 号提高 45.56％、Amazon 提高 69.22％、Glenlea 提高 62.19％。使龙麦 26 的低分子麦谷蛋白相对含量提高 59.83％、龙麦 30 提高 38.64％、龙麦 31 提高 25.39％、龙麦 33 提高 31.26％、克丰 6 号提高 35.03％，Amazon 提高 47.66％、Glenlea 提高 37.11％。使龙麦 26 的麦谷蛋白总量的相对含量提高 74.65％、龙麦 30 提高 40.82％、龙麦 31 提高 36.01％、龙麦 33 提高 41.78％、克丰 6 号提高 38.35％、Amazon 提高 54.31％、Glenlea 提高 45.03％。使龙麦 26 的醇溶蛋白相对含量提高

16.88%、龙麦30提高41.13%、龙麦31提高12.05%、龙麦33提高14.70%、克丰6号提高25.55%、Amazon提高13.15%、Glenlea提高41.57%。两种温度处理相比高温使所有小麦品种的麦谷蛋白/醇溶蛋白比值升高，使龙麦26的麦谷蛋白/醇溶蛋白的比值提高16.9%、龙麦30提高30.2%、龙麦31提高21.4%、龙麦33提高23.6%、克丰6号提高10.2%、Amazon提高36.4%、Glenlea提高2.4%。以上结果表明：灌浆期高温显著提高麦谷蛋白和醇溶蛋白的相对含量，不同品种间遇高温时，麦谷蛋白和醇溶蛋白相对含量的提高幅度存在差异。但是同一品种中，麦谷蛋白相对含量的变化幅度大于醇溶蛋白的变化幅度。

表 3-6　反相液相色谱分析

品种	处理	相对面积			
		高分子 麦谷蛋白亚基	低分子 麦谷蛋白亚基	醇溶蛋白	麦谷蛋白/ 醇溶蛋白
龙麦26	T_O	5 963 749	15 467 985	21 334 416	1.00
	T_I	12 708 147	24 722 208	31 878 364	1.17
龙麦30	T_O	7 324 941	17 891 331	19 967 112	1.26
	T_I	10 704 676	24 805 250	28 180 343	1.26
龙麦31	T_O	8 308 606	18 302 773	21 275 099	1.25
	T_I	13 245 622	22 949 499	23 837 840	1.52
龙麦33	T_O	7 839 992	21 603 717	23 067 218	1.28
	T_I	13 387 719	28 358 004	26 458 968	1.58
克丰6号	T_O	8 525 691	18 529 407	26 701 236	1.01
	T_I	12 409 892	25 021 009	33 523 521	1.12

(续)

品种	处理	相对面积			
		高分子 麦谷蛋白亚基	低分子 麦谷蛋白亚基	醇溶蛋白	麦谷蛋白/ 醇溶蛋白
Amazon	T_O	8 409 399	18 840 214	25 761 033	1.06
	T_I	14 230 585	27 818 963	29 147 946	1.44
Glenlea	T_O	8 842 108	19 176 376	23 520 343	1.19
	T_I	14 340 783	26 293 482	33 297 636	1.22

七、小结

小麦灌浆期的环境条件对小麦产量和品质影响最大。在开花之前，环境条件主要通过影响小麦分蘖形成和花序发育从而影响籽粒数量，开花后，环境条件主要影响籽粒大小和成分。籽粒大小和籽粒中蛋白质含量是决定籽粒品质的两个重要特性。在高温条件下籽粒干物质积累比蛋白质的合成对高温热害反应更加敏感，所以灌浆期高温对籽粒中淀粉合成的影响程度大于对蛋白质合成的影响程度，导致籽粒大小变化比蛋白质含量变化更大，使籽粒中蛋白质含量提高。籽粒生长期间蛋白质含量与温度呈正相关，但这种增加是以淀粉含量降低为代价的，因为气温升高，灌浆天数缩短，籽粒不饱满，干瘪瘦小，粒重下降，氮的相对浓度增加。在高温条件下小麦籽粒蛋白、面粉蛋白、湿面筋和干面筋的相对含量显著提高。本研究人工气候室中两种不同的温度相比，高温条件下籽粒的大小和粒重显著降低，本章中发现高温条件下籽粒蛋白、面粉蛋白、湿面筋和干面筋的相对含量显著提高。人工温室两年度的实验和人工气候精确控温条件下得到同样的结果。

灌浆期高温使小麦籽粒和面粉蛋白含量均升高。高温胁迫条件常导致小麦籽粒干瘪，虽然籽粒蛋白含量提高，但蛋白质的总体产量降低。本研究表明在人工温室和人工气候室精确控温的两种温度条件下，高温使所有供试品种的籽粒蛋白和面粉蛋白含量升高，同时还发现高温条件下所有供试材料的湿面筋和干面筋含量均升高。但是，在高温条件下小麦籽粒干瘪，千粒重降低，籽粒蛋白的总体产量降低。

SDS 和 Zeleny 沉降值是预测面筋强度的有效指标，研究表明，面制食品不仅与蛋白质含量有关，而且与蛋白质质量密切相关。沉淀值是蛋白质含量与质量的综合反映。沉淀值与面包烘烤品质关系极为密切，受到控温条件的限制以及各种田间及温室条件差异的影响。关于灌浆期高温对 SDS 和 Zeleny 沉降值影响的结论存在较大分歧，主要在于温度控制是否准确以及是否形成高温胁迫，如果只是提高温度而没有形成胁迫其结果也存在明显分歧，在本研究所设置的高温条件下表现为 Zeleny 沉降值均升高，SDS 沉降值均降低的趋势。

通过借助各类仪器对面粉品质的物化指标和面团的流变学特性进行综合测定和评价，能够了解和掌握各种面粉中蛋白质的质与量、面筋的质与量以及面团黏弹性差异的变化，间接地对面粉品质做出评价。面团流变学特性是面团物理性能的表现，与食品加工过程中面团的滚揉、发酵以及机械加工直接相关，能够很好地反映面粉加工品质，特别是烘烤品质。测定面团流变学特性的常用仪器主要有德国布拉本德粉质仪（Farinograph）、拉伸仪（Extensograph）、黏度仪（Viscograph）、法国的吹泡示功仪（Alveograph）、美国的耐揉仪（Mixgraph）。粉质参数和拉伸仪参数是反映面筋品质的重要指标，二者之间具有较强的相关性。这些仪器能够全面反映面团的特征和特性，为食品加工业的工艺流程设置提供了有用信息。其中粉质仪参数中面团稳定时间是反映面筋数量和质量的综合指标，受环境条件影响较大。但是关于高温条件下小麦面粉粉质仪参数变化的研究还未见报道。本研究在高温胁迫条件下粉质仪和拉伸仪参数表现为吸水率、稳定时间和形成时间显著升高，其主要可能与籽粒干瘪蛋白含量显著升高、蛋白浓缩有关。同时最大抗延阻力显著提高。但是高温导致小麦加工品质显著变劣，主要原因是形成时间加长和延伸性显著降低。面团形成时间加长使工业面制品耗能增加，促使生产成本增加，不符合食品生产工业的要求。另一方面，面团良好的延展性是制作各种面制品的基础，例如面包、面条、馒头，饼类等的制作均需要面团有一定的延展性，延伸性降低导致面粉制作面制品适应范围显著降低，加工品质降低。

小麦蛋白质中各组分的比例是小麦品质的反映。小麦蛋白质主要分为清蛋白（溶于水）、球蛋白（溶于 10% 的食盐溶液）、麦醇溶蛋白（溶于 70% 乙醇）和麦谷蛋白（溶于稀酸和碱）四种。前两种大多是生理活性蛋白质（酶），含较多的赖氨酸、色氨酸和蛋氨酸等，营养平衡较好，决定小麦的营养品质；后两种是贮藏蛋白质，赖氨酸、色氨酸、蛋氨酸含量都比较低，在面筋和烘烤中是决定小麦加工品质的主要因素；醇溶蛋白和麦谷蛋白为贮藏蛋白，能形成一种特殊的蛋白质结构——面筋。面筋占籽粒蛋白总量的 80% 左右。由于组成面筋的醇溶蛋白和麦谷蛋白的比例不同，其面筋的性质亦不同。小麦胚乳蛋白中的面筋蛋白决定小麦品质特性，麦谷蛋白和醇溶蛋白组分和各亚基构成影响面团强度和决定小麦品质。面筋中醇溶蛋白组成比例大于麦谷蛋白，为面团提供延伸所需要的黏性、延伸性和膨胀性；面筋中麦谷蛋白组成比例大于醇溶蛋白，为面筋提供弹性和延伸阻力。蛋白组分受基因型、环境条件以及基因型与环境条件互作的影响，高温使小麦品种的醇溶蛋白和麦谷蛋白含量提高，醇溶蛋白和麦谷蛋白比值提高。在本研究中高温条件下醇溶蛋白和麦谷蛋白含量均增加，但是醇溶蛋白和麦谷蛋白比值略有降低，与前人的研究结果不一致可能与温度条件不同有关。但品种间变化幅度不同。龙麦30的蛋白组分在两种温度条件下比值不变，原因可能与品种对温度的敏感程度不同有关。

关于灌浆期高温对小麦品质的影响观点不一。本实验表明：高温使小麦的蛋白质含量以及蛋白质各组分含量提高，但是使面粉中淀粉和蛋白质含量的比例不协调，虽然蛋白质含量的提高使面团强度增加，使面团稳定时间、最大抗延阻力增加。但是使形成时间增加，延伸性显著降低，使小麦加工品质下降。

第三节　不同生态条件下春小麦品种面团流变学特性变化规律

小麦品种品质差异主要由基因型和环境因素决定，环境条件影响所有小麦品种品质潜力的表达。由于小麦品质存在不同地域、不同年度间变化，品质参数稳定性对小麦加工工业是至关重要的，它能够保证加工工艺流程不变和较低的消耗。在不同年度和地点间影响小麦品质的主要因素有灌浆期温度、湿度、降水、肥力等。培育在不同生态条件具有品质稳定性的小麦品种是育种家提高小麦品质的一个重要育种目标。

东北春麦区是我国高纬度麦产区，地域辽阔，南北麦区纬度跨度较大，各生态条件下在小麦灌浆期温度、降水等气候条件差别较大，导致各生态条件下小麦品种品质潜力表达在同一年度地点间差别较大。本麦区是我国强筋小麦主产区，该区小麦品质稳定性对全国优质小麦生产具有重要意义。

一、供试材料

黑龙江省主栽强筋小麦品种龙麦 26，龙麦 30、龙麦 31、龙麦 33 和克丰 6 号。

二、研究方法

（一）试验地点及试验设计

黑龙江省农业科学院作物育种所试验地（以下简称哈尔滨）、黑龙江省农垦总局九三管局科研所（以下简称九三）。采用随机区组排列设计，三次重复。每小区面积6 m²（长 5 m×宽 1.2 m）。播种前用拌种霜或种衣剂拌种预防小麦腥黑穗病、散黑穗病和根腐病等。采用机播（或人工）播种，行距 15 cm，每小区 8 行，播深 4 cm，播后镇压。播种密度为每平方米保苗 650 株，每小区用种量已包好。计算公式如下：

$$小区用种量 = \frac{小区长 \times 小区宽 \times 650}{1\,000} \times 千粒重 \times 1.1 \div 发芽率$$

依据当地田间生产施肥条件，由于各生态条件土壤有机质成分不同，播种施肥前测定土壤基础养分含量。有机质成分换算的纯氮、纯磷、纯钾与施用的氮、磷、钾合计纯氮为 10、纯磷为 8、纯钾为 6。依据当地田间管理，收获后进行品质分析。

（二）品质分析

方法同第二节。

三、蛋白质、面筋和沉降值

如表 3-7 所示在不同年份不同地点间强筋小麦品种籽粒蛋白含量变化较大，主要表现为地点间变化大于年度间变化，不同地点间所有品种籽粒蛋白含量的差异均达到极显著水平；同一地点年度间差异达显著水平。但温钝型小麦品种籽粒蛋白含量在不同地点和年度间变化小于温敏型小麦品种。面粉蛋白含量、湿面筋含量变化有相同趋势：表现为地点间变化大于年度间变化；温敏型品种大于温钝型品种。但是对于 Zeleny 沉降值和 SDS 沉降值的变化较为复杂，部分供试小麦品种在不同地点以及不同年度间的差异均达到极显著水平和显著水平，即使同一品种在同一地点的不同年份间变化程度也比较大。部分品种年度间及同一年度地点间差异不显著，这一结果表明小麦品种的 Zeleny 沉降值和 SDS 沉降值对于环境条件改变较为敏感，易受环境影响，但在品种间存在差异。

表 3-7　不同生态条件下强筋小麦品种蛋白含量、面筋和沉降值的变化

品种	生态条件		籽粒蛋白/%	面粉蛋白/%	湿面筋/%	干面筋/%	Zeleny沉淀值/mL	SDS沉淀值/mL
龙麦26	哈尔滨	2011	18.5 Aa	15.9 Aa	36.9 Aa	12.5 Aa	63.2 Aa	61.5 Bb
		2012	16.7 Bb	14.6 Ab	35.2 Ab	12.0 Aa	47.5 Cc	53.0 Dd
	九三	2011	13.8 Cc	10.5 Cd	23.5 Cd	7.9 Cc	54.8 Bb	64.8 Aa
		2012	12.9 Cd	13.2 Bc	32.6 Bc	10.9 Bb	48.3 Cc	60.5 Cc
龙麦30	哈尔滨	2011	17.3 Aa	14.3 Aa	30.6 Aab	10.8 Aa	37.5 Cc	47.5 Cc
		2012	15.8 Ab	14.1 Aa	30.9 Aa	10.8 Aa	36.0 Cd	40.0 Dd
	九三	2011	12.0 Bc	9.1 Cc	18.4 Bc	6.5 Bb	56.1 Aa	52.3 Bb
		2012	15.0 Bb	12.8 Bb	29.5 Ab	10.2 Aa	47.0 Bb	55.0 Aa
龙麦31	哈尔滨	2011	15.3 Aa	13.1 Aab	28.6 Bb	9.7 Aa	45.0 Bb	58.8 Cc
		2012	15.5 Aa	13.4 Aa	31.5 Aa	10.6 Aab	44.5 BCb	49.0 Cc

（续）

品种	生态条件		籽粒蛋白/%	面粉蛋白/%	湿面筋/%	干面筋/%	Zeleny沉淀值/mL	SDS沉淀值/mL
龙麦31	九三	2011	12.2 Bc	9.5 Cc	22.5 Cc	8.4 Bc	43.0 Cc	62.4 Bb
		2012	14.6 Bb	12.2 Bb	31.2 Aa	10.9 Aa	54.8 Aa	64.0 Aa
龙麦33	哈尔滨	2011	17.6 Aa	14.5 Aa	32.6 Aa	11.2 Aa	54.5 Bb	64.9 Aa
		2012	15.9 Bb	13.6 Bb	30.8 Bb	10.8 Aab	49.0 Cc	57.3 Cc
	九三	2011	13.8 Bc	10.9 Cc	24.8 Dd	8.6 Cc	63.1 Aa	64.4 Aa
		2012	16.9 Aab	13.8 Bab	28.5 Cc	9.9 Bb	48.0 Cc	59.5 Bb
克丰6号	哈尔滨	2011	17.7 Aa	15.3 Aa	36.2 Bc	11.7 Ba	63.3 Aa	64.7 Aa
		2012	16.7 Aa	14.7 Aab	37.9 Ab	11.7 Ba	43.0 Cc	46.8 Dd
	九三	2011	14.2 Bb	11.8 Bc	30.1 Cd	10.0 Bb	63.3 Aa	61.0 Bb
		2012	16.9 Aa	14.6 Ab	39.7 Aa	12.9 Aa	48.0 Bb	56.5 Cc

注：每栏中数据后不同大写和小写字母分别表示 0.05 水平和 0.01 水平显著性差异。

四、粉质仪参数变化

如表 3-8 所示在不同年份不同地点间强筋小麦品种粉质仪的吸水率变化幅度不大，主要表现为不同地点间变化大于同一地点年度间变化。但温敏型和温钝型小麦品种的吸水率变化相同。形成时间在不同地点间变化大于同一地点不同年度间的变化，对温钝型小麦品种而言在同一地点不同年份间变化较小，如龙麦 30 和龙麦 31，但温敏型小麦品种在同一地点不同年份间变化较大，差异达显著水平。

稳定时间在不同地点和不同年份的变化均较大，但是温钝型小麦品种在同一地点不同年份间的变化相对较小。断裂时间在不同地点间变化大于同一地点不同年度间的变化，对温钝型小麦品种而言在同一地点不同年份间变化较小，如龙麦30和龙麦31，但温敏型小麦品种在同一地点不同年份间变化较大。弱化度在不同地点和不同年份间变化较大，差异达显著水平，但温钝型小麦变化相对较小，如龙麦30。

表3-8 不同生态条件下强筋小麦品种粉质仪参数变化

品种	生态条件		吸水率/ g/100 mL	形成时间/ min	稳定时间/ min	断裂时间/ min	弱化度/ F.U
龙麦26	哈尔滨	2011	63.7 Aa	10.3 Bb	13.3 Ab	19.4 Bb	46 Bb
		2012	62.8 Aa	12.9 Aa	14.6 Aa	20.7 Aa	44 Cc
	九三	2011	60.1 Bb	1.7 Dd	1.8 Bc	2.6 Dd	114 Aa
		2012	59.1 Bb	7.0 Cc	13.9 Aab	15.0 Cc	42 Dd
龙麦30	哈尔滨	2011	61.2 ABa	15.0 Aa	15.9 Bb	20.4 Bb	44 Bb
		2012	62.1 Aa	15.0 Aa	17.6 Aa	22.2 Aa	49 Aa
	九三	2011	60.9 Bb	1.5 Bb	12.0 Cc	2.3 Dd	44 Bb
		2012	60.0 Bb	1.7 Bb	15.3 Bb	3.5 Cc	33 Cc
龙麦31	哈尔滨	2011	61.2 Aab	14.0 Aa	17.0 Aa	18.8 Bb	79 Bb
		2012	63.1 Aa	13.0 Aa	14.8 Bb	22.1 Aa	44 Dd
	九三	2011	60.4 Bb	1.2 Bb	1.3 Dd	1.9 Dd	171 Aa
		2012	59.8 Bb	2.2 Bb	9.9 Cc	4.0 Cc	49 Cc

（续）

品种	生态条件		吸水率/ g/100 mL	形成时间/ min	稳定时间/ min	断裂时间/ min	弱化度/ F. U
龙麦 33	哈尔滨	2011	60. 0 Ab	2. 5 Bb	21. 6 Bb	24. 5 Bb	13 Dd
		2012	60. 7 Aa	23. 2 Aa	25. 2 Aa	27. 3 Aa	55 Cc
	九三	2011	61. 1 Aa	1. 9 Cc	2. 1 Dd	3. 0 Dd	110 Aa
		2012	60. 1 Aab	2. 5 Bb	5. 5 Cc	4. 4 Cc	62 Bb
克丰 6 号	哈尔滨	2011	60. 1 Aa	7. 5 Aa	13. 4 Aa	17. 8 Aa	40 Cc
		2012	59. 4A Bab	4. 3 Bb	12. 6 Bb	16. 5 Ab	30 Dd
	九三	2011	58. 6 Bb	2. 5 Cc	5. 6 Dd	4. 9 Cd	82 Aa
		2012	59. 0 Bb	5. 2 Bab	7. 9 Cc	10. 0 Bc	50 Bb

注：每栏中数据后不同大写和小写字母分别表示 0.05 水平和 0.01 水平上的显著性差异。

五、拉伸仪参数变化

如表 3-9 所示在不同年份不同地点间强筋小麦品种拉伸仪的面积、5 cm 阻力、延伸性和最大抗延阻力的变化均较大。除了温钝型小麦品种龙麦 30 在 2012 年九三和哈尔滨之间差异不显著，其他同一品种中同一地点不同年份间以及同一年份不同地点间品种的变化差异为极显著或显著水平，对温敏型小麦品种和温钝型小麦品种影响相同，但温钝型小麦品种变化相对较小。这一结果表明：强筋小麦品种在不同条件下和同一生态条件不同年度间的拉伸仪参数变化较为复杂，拉伸仪各参数的稳定性是解决小麦品质稳定性的关键。

表3-9 不同生态条件下强筋小麦品种拉伸仪参数变化

品种	处理		面积/cm²	5 cm阻力/ EU	延伸性/ mm	最大拉伸阻力/ EU
龙麦26	哈尔滨	2011	110 Cc	57 Dd	136 Dd	261 Dd
		2012	151 Aa	620 Aa	147 Cc	823 Aa
	九三	2011	80 Dd	234 Cc	176 Bb	330 Cc
		2012	136 Bd	278 Bb	233 Aa	482 Bb
龙麦30	哈尔滨	2011	77 Bb	382 Dd	134 Cc	412 Dd
		2012	158 Aa	635 Bb	151 Bb	891 Aa
	九三	2011	66 Bc	742 Aa	80 Dd	808 Bb
		2012	151 Aa	431 Cc	185 Aa	643 Cc
龙麦31	哈尔滨	2011	58 Bc	272 Cc	141 Cd	288 Dd
		2012	135 Aa	654 Aa	150 Cc	834 Aa
	九三	2011	74 Bb	246 Dd	174 Bb	333 Cc
		2012	132 Aa	330 Bb	216 Aa	497 Bb
龙麦33	哈尔滨	2011	72 Dd	212 Dd	197 Bb	246 Dd
		2012	127 Bb	1 054 Aa	102 Dd	1 110 Aa
	九三	2011	101 Cc	304 Cc	187 Cc	422 Cc
		2012	138 Aa	276 Bb	241 Aa	452 Bb

（续）

品种	处理		面积/cm²	5 cm 阻力/ EU	延伸性/ mm	最大拉伸阻力/ EU
克丰 6 号	哈尔滨	2011	54 Dd	131 Dd	229 Bb	159 Dd
		2012	213 Aa	1 638 Aa	110 Dd	1 638 Aa
	九三	2011	77 Cc	209 Bb	189 Cc	284 Cc
		2012	117 Bb	190 Cc	251 Aa	351 Bb

注：每栏中数据后不同大写和小写字母分别表示 0.05 水平和 0.01 水平上的显著性差异。

六、小结

面筋的质与量与小麦面粉的加工品质、烘烤品质密切相关，并与蛋白质含量呈正相关。本研究进一步证实干湿面筋的含量与籽粒蛋白的含量呈正相关，并发现温钝型小麦品种在同一地点的不同年份间籽粒蛋白质含量、干湿面筋变化相对较小，温敏型小麦品种即使在同一地点不同年份间变化也较大，差异达极显著水平。但籽粒蛋白质含量，干湿面筋仅代表面粉蛋白的量，蛋白质含量高可作为评判面粉加工品质好坏的粗略标准，但加工品质不仅仅由蛋白质的含量决定，还取决于蛋白质的质量。

本研究利用粉质仪、拉伸仪对不同生态条件、不同年份的不同感温特性小麦品种品质变化进行测定，结果表明：同一品种品质指标在不同地点间的变化大于同一地点不同年份间的变化，但温钝型小麦品种在不同地点和不同年份间各项品质指标变化相对较小。

　　小麦加工品质是比较复杂的综合性状，是许多构成因素相互结合、相互作用的结果。小麦不同品种在不同年份和地点间表现出不同的加工品质，为育种者有目的地选育品质稳定性的品种提供了基础。本研究发现黑龙江温钝型小麦品种品质稳定性较好。

图书在版编目（CIP）数据

春小麦品种感温特性和品质潜力表达与温度变化关系研究 / 宋维富等著. -- 北京：中国农业出版社，2024.
3. -- ISBN 978 - 7 - 109 - 32039 - 0

Ⅰ. S512.1

中国国家版本馆 CIP 数据核字第 2024MH3128 号

中国农业出版社出版

地址：北京市朝阳区麦子店街 18 号楼
邮编：100125
责任编辑：杨晓改　李文文
版式设计：书雅文化　　责任校对：吴丽婷
印刷：中农印务有限公司
版次：2024 年 3 月第 1 版
印次：2024 年 3 月北京第 1 次印刷
发行：新华书店北京发行所
开本：850mm×1168mm　1/32
印张：2
字数：48 千字
定价：98.00 元